# LETTRE
## DE M. JOURDAN DE PELERIN, MEDECIN CHYMISTE PRIVILÉGIÉ DU ROY,

*A l'occasion d'une Critique insérée dans le Journal Œconomique contre sa Méthode de conserver l'eau douce qu'on embarque sur les Vaisseaux, & de la préserver de toute corruption.*

A MONSIEUR H....

A LA HAYE,

*Et se trouve à Paris,*

Chez JORRY, Quai des Augustins, près le Pont S. Michel, aux Cigognes.

M. DCC. LV.

# LETTRE

## *DE M. JOURDAN DE PELERIN, Médecin-Chymiste Privilégié du Roi, à l'occasion d'une Critique insérée dans le Journal Œconomique, contre sa Méthode de conserver l'eau douce qu'on embarque sur les Vaisseaux, & de la préserver de toute corruption.*

A MONSIEUR H....

IL me paroît, Monsieur, que vous avez lû fort attentivement l'article qui me regarde dans le Journal Oeconomique du mois de Novembre dernier * ; vous me marquez

* Ce Journal n'a paru qu'au mois d'Avril 1755.

le plaiſir que vous a cauſé l'analyſe de mon diſcours touchant la maniere de conſerver l'eau douce qu'on embarque ſur Mer. Je ne doute point que cette joye ne prenne ſa ſource dans l'amour que vous avez pour le bien public. Je ſens même parfaitement que l'objet de ce diſcours eſt digne de l'attention de tout Citoyen qui penſe comme vous. Mais auſſi ſouffrez, je vous prie, que je vous faſſe part de mon étonnement; je crois entrevoir que vous vous en rapportez bien promptement à la déciſion du Journaliſte Œconomique ; il me ſemble que vous auriez pû remarquer de plus près tout ce qu'il dit de ma Méthode. Il eſt vrai qu'il paroît d'abord me sçavoir *gré de la communication que j'en fais au Public* * ; mais il ajoute aussitôt qu'il en attend le succès *par une expérience constante, universelle & soutenuë.*

D'ailleurs les Journalistes peuvent quelquefois changer d'avis. Celui surtout qui prend la peine de nous donner le Journal Œconomique s'imagine avoir acquis ce droit. Il est homme à faire des excuses au Public, elles ne lui coutent rien. Il croit en être quitte pour nous dire que c'est à la priére ou aux vives sollicitations des Auteurs qu'il a eu la foiblesse d'insérer dans son Journal, *des erreurs capables de jetter des*

* Jour. Œcon. de Novembre 1754. p. 121.

*perſonnes de bonne foi dans les plus grands inconvéniens.* Il faut cependant dire à ſa gloire, que dès qu'il a eu *quelques momens pour réfléchir* *, il déſaprouve ſur le champ ces erreurs, & il ſe repent authentiquement de ſa trop grande facilité.

La docilité & la modeſtie de cet Auteur mérite d'autant plus d'indulgence, que ces qualités ſont rares dans la profeſſion qu'il exerce, le Public doit toujours faire cas de ces ſortes de diſpoſitions, auſſi pardonne-t-il aiſément les bévuës & les fautes où le cœur n'a point de part ; mais je fais réfléxion, Monſieur, que vous êtes dans l'erreur à ſon ſujet.

* Journ. ibid.

Je m'imagine que vous croyez de bonne foi que M. le Camus Médecin eſt l'Auteur du Journal Œconomique ; je peux cependant vous aſſurer qu'il ne l'eſt point, & qu'il n'en eſt tout au plus que l'Editeur. Je penſe donc, Monſieur, que vous reviendrez ſur vos pas & que vous n'imputerez plus à M. le Camus la Satyre inſérée contre moi dans le Journal du mois de Décembre dernier pag. 121, 122, 123.

Vous m'objecterez peut-être que M. le Camus a ſigné cet écrit, & qu'il n'eſt pas vraiſemblable que perſonne s'aviſe jamais d'uſurper ſon nom ; je vous avoue naturellement que cette replique m'embaraſſe, & que je ne ſuis pas en état d'y répondre, je vous prie cependant de permettre que je perſiſte opiniâtrément dans ma façon de penſer ; parce que tout me porte à croire que cētte critique eſt plutôt le pénible travail de quelque jeune diſciple d'Hypocrate, qui n'ayant peut-être ni le ſçavoir ni le talent pour être Auteur, croit pouvoir tenter la voye de la Satyre pour ſe faire connoître, n'importe à quel prix, il paroît avoir pris ſur cela ſon parti.

Quoiqu'il en ſoit, vous exigez de ma part une réponſe, j'y conſens très-volontiers, Monſieur, puiſqu'il n'eſt rien que je ne faſſe quand il s'agira de vous prouver la déférence entiere & ſans bornes que je ne cesserai jamais d'avoir pour vous. C'est dans cette vuë que je viens de relire l'Ecrit en question ; j'y ai observé 1°. que le Journaliste cherche à trouver des défauts dans les mots & les termes dont je me suis servi, plutôt qu'à s'attacher à détruire le fond de mes découvertes.

2°. Qu'il donne la préférence à la Méthode de M. Josué Appleby, sur la maniere de dessaler l'eau de la mer, méthode sans succès & même impraticable.

3°. Qu'il ne connoît, quoiqu'il en dise, ni les effets du Mercure ni la Chymie.

## I. OBSERVATION.

Quant à ma premiere Observation , je dis qu'il n'eſt pas étonnant que je ne ſois pas du goût d'un Ecrivain ſi délicat , nous tendons l'un & l'autre au même but ; mais nous prenons une route bien différente. J'ai toujours eu pour maxime que quand il s'agit de ſcience , l'expreſſion recherchée doit le céder à la choſe. D'ailleurs je ſerois en état de prouver à M. le Camus que je me ſuis ſervi de termes les plus propres & les plus uſités ; mais je ne prendrai pas la peine de repliquer ſur cet article.

## II. OBSERVATION.

Quant à ma ſeconde Obſervation , je dois mieux l'approfondir, & je crois devoir remarquer ce que notre Journaliſte n'a eu garde de nous dire, il fait l'éloge de la Méthode de M. Appleby ſur la maniere de deſſaler l'eau de la mer & de lui ôter ſon amertume. Il annonce cette méthode dans ſon Journal du mois de Juin dernier comme une merveille, ſans y ajouter aucune réfléxion qui puiſſe faire ſentir la vérité & la néceſſité de la ſuivre. Il n'a pas ſervi en cela l'Auteur Anglois avec lequel il eſt en correſpondance, quoiqu'on ait lieu de croire qu'il l'a *preſſé extraordinairement de l'inſérer dans ſon Journal*, c'eſt-là ſans doute l'excuſe qu'il s'eſt ménagée, & dont il pourra ſe ſervir, ſi, ayant *quelques momens pour réfléchir*, cette méthode ſe trouve avoir un jour le malheur de lui déplaire : mais en attendant ne peut-il pas par ce funeſte ſilence induire *dans des erreurs capables de jetter des perſonnes de bonne foi dans les plus grands inconvéniens ?* Sans contredit, il le peut, voici comment. Il publie purement & ſimplement une méthode & ſe contente de la louer. Je dis à cela qu'il la connoît ou qu'il ne la connoît pas. S'il ne la connoît pas, pourquoi l'inſérer ? pourquoi la louer ? ne peut-elle pas être ſujette à des inconvéniens, & n'eſt-ce pas expoſer par-là des perſonnes de bonne foi à des erreurs de la derniere conſéquence ? S'il la connoît, pourquoi ne nous prévient-il pas ſur les importantes & ſérieuſes objeƈtions dont elle eſt ſuſceptible ; mais nous avons dit qu'il mérite quelqu'indulgence, faiſons-lui donc cette grace de croire qu'il ne la connoît pas, & qu'il n'en a jamais bien ſenti les dangereuſes ſuites.

En effet, M. Appleby que j'honore beaucoup & dont je fais un très grand cas, nous dit dans ſa Méthode que pour deſſaler l'eau de la mer, & que pour lui ôter ſon amertume, il faut prendre ſix onces de pierre à cauterre, & ſix onces d'os calcinés, les jetter ſur vingt galons d'eau de mer, & mettre le tout enſemble dans un alambic pour le faire diſtiller. Voilà tout le ſecret de M. Appleby. N'eſt-il pas étonnant que notre Journaliſte n'ait pas ſenti les conſéquences d'une pareille boiſſon ? lui qui connoît ſi bien les bons termes & qui croit poſſéder à un ſi haut point de perfection la Chymie. Il ſuffit cependant pour cela de ſçavoir ce que c'eſt que la pierre à cauterre, en voici la compoſition.

Mettez dans une terrine une partie de chaux vive & deux parties de cendre gravelée, & verſez dans la terrine beaucoup d'eau chaude, laiſſez infuſer le tout pendant cinq ou ſix heures, faites-le bouillir un peu, & enſuite vous le ferez filtrer avec du papier gris. Vous ferez évaporer l'eau que vous aurez tirée, & il vous reſtera un ſel. Vous mettrez ce ſel dans un creuſet & vous le ferez fondre, il fond fort aiſément. Lorſqu'il ſera en huile, & que l'humidité en ſera évaporée, vous le verſerez dans un plat, vous le couperez pendant qu'il eſt chaud, & vous le mettrez promptement dans une bouteille de verre le plus fort que vous pourrez trouver, vous boucherez ſur le champ cette bouteille avec de la cire & de la veſſie ; parce que ce ſel ou ce cauſtique ſe réſout facilement à l'air & ſe change en liqueur. Vous le tiendrez dans un lieu bien ſec, ſi vous voulez le garder quelque tems, parce qu'il ne ſe conſerve que difficilement, & ſoyez aſſuré que vous possédez pour lors le plus fort & le plus puissant caustique que l'on ait imaginé. S'il est vrai que sa vertu se perd très-aisément, elle produit aussi les mêmes effets que ceux de la pierre infernale.

Voilà le caustique dont se sert M. Josué Appleby dans sa Méthode de dessaler l'eau de la mer. elle consiste dans l'usage de cette pierre à cauterre & de sa poudre d'os calcinés. Que devez-vous penser, Monsieur, de pareils ingrediens ? Ne craignez-vous pas, avec juste raison, que ces parties ignées qui font l'essence de cette pierre à cauterre ne se communiquent à l'eau si intimement qu'elle ne s'en trouve toute empreinte & même toute enflammée ? dès-lors quelle boiſſon M. Appleby oſe-t-il nous propoſer ! quelle chaleur ! quel feu ! oſera-t-on dire qu'il ſoit doux, vivifiant & naturel ; mais qui pourroit ignorer qu'il eſt ſi corroſif qu'on ne ſçauroit faire filtrer l'eau que l'on employe à ſa compoſition ſans qu'elle ne brûle le papier gris dont on ſe ſert ? Quel eſt le ſage Médecin qui s'eſt encore aviſé de faire avaler à ſes malades la moindre petite partie de ce feu rongeant & dévorant ? Nous les voyons tous au contraire d'une circonſpection ſans égale, quand il s'agit d'appliquer extérieurement ce cauſtique. Qui auroit pû s'imaginer de voir un jour quelqu'un pouſſer la hardieſſe juſqu'à en faire prendre intérieurement ? tant il eſt vrai qu'on s'inſtruit tous les jours.

Nous dira-t-on qu'il eſt des cas où les Médecins croyent pouvoir riſquer le tout pour le tout, que mourir de ſoif ſur la mer ou y être brûlé vif, c'eſt toujours mourir, & qu'en ce cas, dès qu'il le faut, peu nous importe de mourir d'une façon ou d'une autre. Voilà ſans doute la raiſon de cette cruelle tentative ; peut-être nous fera-t-on beaucoup valoir encore les bonnes qualités de ce nouveau procédé, & nous dira-t-on qu'au moyen de ce cauſtique, on aura l'avantage de ne mourir ſur mer qu'à petit feu.

Il me paroît ici que notre Journaliſte auroit bien dû s'humaniſer un peu & ne pas avoir la cruauté de nous refuſer juſqu'à la moindre de ſes judicieuſes réfléxions. Je n'ai garde moi-même de donner mon avis , je me contente ſeulement d'expoſer la méthode de M. Appleby & de l'examiner à fond.

M. Appleby met ſix onces de ce cauſtique ſur vingt galons d'eau de mer. Chaque galon contient huit livres d'eau , & conſéquemment vingt galons en peſent cent ſoixante , & contiennent à-peu-près quatre-vingt pintes meſure de Paris ; de ſorte que ſix onces de pierre à cauterre font trois mille quatre cent ſoixante-ſix grains ou groſſes gouttes qui reparties ſur cent ſoixante livres d'eau, font vingt-un grains & un douziéme par livre.

Nous devons remarquer que cette doſe ſe jette ſur une eau qui de ſa nature eſt déja fort peſante & chargée de beaucoup de ſels, de ſouffres & de bitumes, matiéres par conſéquent très-combuſtibles. Concluons donc & diſons que celui qui ſe trouvera ſur mer preſſé par la ſoif & qui ſouhaitera d'éteindre le feu de ſes entrailles, avalera, s'il veut ſe rafraichir, plus de vingt-un grains de ce cauſtique en buvant ſeulement une chopine de cette eau. Quelle étrange boiſſon !

Voilà cependant la méthode que le Journaliſte Œconomique daigne préférer à celle que je donne pour préſerver de toute corruption l'eau douce qu'on embarque. Je ne penſe pas que la méthode dangereuſe du Docteur Anglois puiſſe jamais avoir lieu, du moins elle ne ſe montre pas ſous un abord bien ſéduiſant. Si l'on veut prendre la peine d'y faire quelqu'attention, elle paroîtra monſtrueuſe à tout autre qu'à l'Editeur du Journal Œconomique, le plaiſir qu'il a eu d'annoncer une découverte de cette importance ne lui a pas permis d'en examiner les ſuites. Rien ne pouvoit plus frapper ſes lecteurs, ni mieux fixer leur attention que de leur dire : voici enfin après tant de ſiécles, après tant de vains efforts & de deſirs inutiles, voici, Meſſieurs, le ſecret de deſſaler l'eau de la mer & de la rendre potable. Vous conviendrez, Monſieur, que s'il eût été tant ſoit peu naturaliſte, il auroit mis des bornes à ſon zéle, il auroit profité des ſages réfléxions de Virgile qui a toujours ſi bien connu la nature, & il auroit appris de ce Poëte que cette Souveraine de l'Univers a preſcrit à tous les ètres de la Terre des conditions & des loix immuables.

Continuo has leges, æternaque fœdera certis
Impoſuit Natura locis.

*Georg. Lib. I. v. 60.*

Il ſçauroit encore que chaque choſe créée a ſes propriétés particuliéres & que chaque Pays a des avantages qui lui ſont propres.

Diviſæ arboribus patriæ, ſola india nigrum
Fert Ebenum, ſolis eſt thurea virga Sabæis.

*Georg. Lib. II. v. 116.*

Il auroit enfin penſé que les eaux de la mer, qui ont d'ailleurs beaucoup de propriétés, n'ont pas reçu du Créateur celle de devenir ſaines & potables.

L'hiſtoire en effet ne nous apprend pas que nos Peres en ayent jamais fait uſage : nous ne voyons

pas que les Orientaux ayent poſſédé ce ſecret merveilleux. Ce que S. Bazile nous dit dans ſon Homélie ſur l'Ouvrage des ſix Jours, nous met au fait de toute leur Science à ce ſujet. Il parle de l'adreſſe des Matelots de ſon tems, lorſqu'ils ſe trouvoient dans la diſette d'eau douce. Ils rempliſſent, » dit-il, une
» chaudiére d'eau de mer & la
» mettent ſur un grand feu pour
» la faire bouillir & pour en rece-
» voir les vapeurs dans des épon-
» ges qu'ils tiennent ſuſpendues
» ſur la chaudiére. Ils preſſent
» enſuite ces éponges & en re-
» tirent l'eau pour étancher leur
» ſoif; cette boiſſon n'étant pas
» ſaine,

» ſaine, ils ſe trouvoient, après
» en avoir bû, fort incommodés.

Les Occidentaux n'ignoroient pas ſans doute ces diſtillations groſſières, mais ils n'avoient garde d'en faire uſage.

Nous voyons que Céſar auſſi bon Naturaliſte qu'aucun de ſes contemporains, ſe trouvant ſur mer dans une affreuſe diſette d'eau douce, s'aviſa de faire étendre ſur ſes vaiſſeaux des peaux de moutons: elles s'imbiboient d'eau & de roſée pendant la nuit, & il en faiſoit exprimer l'eau dans des vaſes pour qu'elle ſervît de boiſſon pendant le jour. Si le ſecret de deſſaler l'eau de la mer eût ſubſiſté, Céſar l'auroit-il ignoré, & ne s'en ſeroit-il pas ſervi dans cette occasion? C'étoit pendant la guerre qu'il faisoit aux Anglois. Tacite qui fait dire à Galgacus des choses admirables à l'occasion de cette guerre, n'en auroit-il pas fait mention? puisqu'il dit combien Galgacus étoit jaloux de la liberté Angloise, & combien il détestoit la cupidité des Romains qui forçoient la nature & qui se servoient de toute sorte d'industrie pour parvenir à leurs fins.

Je conviens cependant que ce qui ne s'est pas fait dans un tems peut se faire dans un autre; mais je crois qu'il faut attendre, pour parvenir à la possession du secret dont il s'agit, qu'il arrive auparavant une révolution générale dans toute la nature & que le Créateur permette la confusion des eaux, en révoquant l'arrêt de leur séparation : *divisit aquas ab aquis. Gen. ch. I.* C'est ce qui me donne le droit de révoquer en doute toute recette à ce sujet, qui n'aura pas été expérimentée, non seulement sur les côtes d'Angleterre & à l'embouchure de la Tamise, comme l'a été celle de M. Appleby ; mais encore dans toutes sortes de climats & dans tous les différens passages qui sont connus & usités sur la mer.

Je ne doute point cependant de la vérité du procedé de M. Appleby *, *& je ne m'inscris point en faux* contre ce qu'il nous

* Journ. Œcon. Novembre 1754. p. 76.

en dit, ainsi que le prétend le Journal Œconomique. J'ignore cette façon basse & grossière de dire des injures. Si je dévoile les inconveniens qui naissent du procédé de M. Appleby, ce n'est que par des raisons que je leur oppose, & non par des invectives.

Je n'ai point nié dans mon discours qui a été si mal analysé, la vérité de ce procédé. Je me suis simplement contenté de jetter au hazard quelques réfléxions sur l'impossibilité de dessaler l'eau de la mer & de la rendre saine & potable. J'ai dit qu'il étoit presque impossible de mettre en usage tous les procédés qu'on a tentés, & d'employer utilement

& universellement toutes les machines qu'on a inventées pour les exécuter, que la méthode de M. Appleby me paroissoit surtout impraticable, parce que son caustique ne se conservant pas, il seroit nécessaire de le renouveller souvent, & qu'il faudroit par conséquent avoir sur un vaisseau l'embarras d'un laboratoire & tout l'attirail de la Chymie ; ce qui m'a fait penser qu'il seroit très-difficile d'y pouvoir opérer utilement & solidement. J'ai encore ajouté que quand il seroit vrai que la Méthode de M. Appleby ne seroit sujette à aucun inconvénient, & qu'elle auroit eu à Londres tout

tout le succès imaginable, cela ne prouveroit pas que cette Méthode fût partout la même, parce que personne n'ignore que les eaux de la mer changent de goût suivant les différens endroits où elles se trouvent; d'où je conclus que des ingrédiens propres à ôter un goût particulier, peuvent ne pas l'être pour en ôter un autre.

Voilà à-peu-près, Monsieur, ce que j'ai avancé dans mon discours, vous en jugerez vous-même, je vous l'envoye tel qu'il étoit lorsqu'il parvint entre les mains du Journaliste Œconomique. Il ne pourra pas m'accuser d'y avoir fait des changemens depuis qu'il s'est avisé de le critiquer ; parce que j'avois eu la précaution d'en remettre un exemplaire à Monſeigneur le Garde des Sceaux & de faire part en même tems à ce Miniſtre éclairé des preſſentimens que j'avois ſur les tracaceries que j'eſſuye.

J'ai inſéré ce diſcours dans un Ouvrage que je ſuis au moment de donner au Public & dont j'ai obtenu le privilége. Il a pour titre les Merveilles de la Nature conſidérées dans leur ſource.

Au reſte, Monſieur, je crois avoir ſuffiſamment montré les inconvéniens qui naiſſent néceſſairement du procédé de M. Appleby. Je m'imagine auſſi avoir jetté des doutes raiſonnables ſur la prétendue poſſibilité de deſſaler l'eau de la mer, & de la rendre ſaine & potable. Mais la preuve la plus convainquante de ce que j'avance eſt toutes les recherches infructueuſes qui ſe ſont faites à Londres ſur la façon de deſſaler l'eau de la mer que l'on a donné dans un Traité connu de tout le monde imprimé en Hollande; & de plus je puis aſſurer que dès aujourd'hui aucun Vaiſſeau Anglois ne fait uſage de la Méthode de M. Appleby.

Il s'agit donc maintenant de chercher quelqu'autre reſſource pour ſoulager les Marins. Convenons de bonne foi que l'eau douce qu'on embarque & dont on s'eſt ſervi dans tous les tems eſt la ſeule qui leur reſte pour ſe désaltérer. Cette ressource cependant est encore sujette à un grand inconvénient ; puisque l'eau douce ne se conserve sur mer que pendant un certain tems, qu'elle se corrompt ensuite & devient très-mal-saine ; mais n'en feroit-il pas de cette eau comme de la santé ? Si l'on a des remédes pour conserver celle-ci, pourquoi n'en trouveroit-on pas pour conserver l'autre ? Si la Nature a fourni des sels capables de préserver différens mêts de toute corruption, qui nous assurera qu'elle n'a pas aussi les moyens d'en préserver l'eau douce ? Ne sçait-on pas que ses trésors sont inépuisables ? Puissans motifs pour engager les Physiciens à la recherche de ce reméde de l'eau ſi néceſſaire aux Marins, & c'eſt auſſi ce qui me donne lieu de paſſer à ma troiſiéme Obſervation.

## III. OBSERVATION.

J'ai remarqué en troiſiéme lieu que l'Editeur du Journal Œconomique ne connoît, quoiqu'il en diſe, ni les effets du Mercure, ni de la Chymie.

Si cet Editeur connoiſſoit bien les effets du Mercure, il ne diroit pas, en général, qu'il doit beaucoup *purger, exciter les ſueurs & occaſionner les ſalivations.* * Il diroit au contraire que le Mercure eſt ſain par lui-même & qu'il ne devient poiſon que par

* Journal, Décembre 1754. p. 121.

ſa préparation. Voilà le langage d'un Chymiſte.

En effet, comment notre Journaliſte peut-il ignorer que le Mercure précipité avec l'eſprit volatil de Sel Ammoniac ne peut avoir les mêmes effets qu'il auroit s'il étoit précipité avec du Sel Marin ? Il n'eſt pas de Chymiſte qui ne ſache que le Mercure ne cauſe aucun accident, dès qu'il eſt dépouillé de toutes ſes parties hétérogenes, & que les pointes acides dont il eſt tout hériſſé, ſont émouſſées ; puiſque ce ſont ces pointes mêmes qui le rendent corroſif.

Mais ſuivons de près notre Critique dans l'Ecrit dont il s'agit, & nous verrons bientôt qu'il n'a qu'une idée bien superficielle du Mercure, & qu'il est encore attaché aux préjugés de sa premiere éducation. Il s'amuse à voltiger autour de ces mots synonymes ; *précipité blanc de Mercure ou Mercure précipité blanc*, *Diaphorétique d'Antimoine*, *ou Antimoine Diaphorétique*. On se persuaderoit aisément, ou qu'il n'entend pas ces termes, ou qu'il n'a cherché que le plaisir de faire un jeu de mots. Qu'il sache cependant que les noms en Chymie dépendant de l'intention de l'Artiste qui doit les conformer à ses opérations particulieres & leur donner un sens selon l'usage auquel il les destine. Comme il arrive en Chymie des opérations nouvelles, il faut conséquemment leur donner de nouveaux noms. S'ils ne sont pas assez intelligibles, on en demande à l'Auteur la signification ; mais on ne le taxe pas d'ignorance précisément, parce qu'on ne les entend pas. Si c'est son opération qu'on attaque, il ne faut pas perdre le tems à combattre des mots. C'est pourquoi je dis que si mon Critique en veut à mon opération, il doit porter ses coups à mon *précipitant*, & non point au nom de mon Mercure. S'il continue à me soupçonner de n'entendre pas le Sujet que je traite, je lui conseille de lire l'Ouvrage que j'ai donné au Public sur les Maladies Vénériennes. Il y trouvera mon

Traité ſur le Mercure , ſur ſes bons & mauvais effets , & ſur ſes différentes préparations. Il y verra que le précipité blanc eſt un Mercure diſſous par l'eſprit de nitre , & que c'eſt le précipitant dont on ſe ſert qui par l'ébranlement & le choc briſe ſes pointes acides , le détache de ſon diſſolvant dans lequel il eſt comme ſuſpendu , & le fait tomber au fond du vaſe. Il y verra auſſi les différentes ſortes de précipitants & leurs divers effets. Il apprendra que celui dont je me ſers n'en peut procurer que de bons effets à ſon précipité , & qu'en général c'eſt du précipitant que le Mercure reçoit ſes diverſes couleurs & ſes différentes vertus.

C'eſt par lui que le Mercure devient reméde ou poiſon ; parce que ce dernier s'uniſſant intimement au premier, il acquiert toutes ſes qualités. C'eſt la ſource où il puiſe ſes propriétés acides, alkalines, corroſives, émétiques, ſalivatives, purgatives, laxatives &c.

Qui ne ſçait pas que, ſi l'on employe l'urine ſeule pour précipiter le Mercure en la verſant ſur la diſſolution qui en a été faite, il s'en enſuivra un précipité roſe-pâle qu'on doit laver pluſieurs fois & faire ſécher. Cette poudre, par exemple, purge par le bas, & notre Critique auroit eu quelque raiſon de dire qu'un pareil précipité pourroit purger ceux qui boiroient de l'eau douce que je prépare pour la mer. Encore auroit-il eu tort d'attaquer la vertu de cette poudre, dont la dose se prend depuis quatre grains jusqu'à dix, parce qu'on s'en sert fort utilement pour les Maladies Vénériennes, pour les Vers, les Obstructions, & particuliérement pour guérir le Scorbut.

Comme je ne me sers point de ce précipitant, on n'a rien à me dire. Si l'on est curieux de connoître ma façon d'opérer, j'en ferai l'aveu très-volontiers; c'est au Public que j'ai donné mon procédé, je ne veux pas qu'il lui reste quelque chose à desirer. Je n'ai en vuë que ses véfitables intérêts. Voici donc la vraye Méthode que je ſuis.

Je prens du Mercure diſſous par l'eſprit de nitre, je le précipite par l'eſprit volatil de Sel Ammoniac, il en réſulte une poudre blanche. Ce n'eſt point à ce précipitant ſeul que j'attribuë les bons effets qui naiſſent de mon procédé, c'eſt encore aux édulcorations exactes & réïtérées que je fais avec de l'eau de pluye chaude & diſtillée. Elles enlévent tous les Sels ſuperflus tant de mon diſſolvant que de mon précipitant, de ſorte qu'il ne me reſte que le Mercure, qu'un pur Métal ſur lequel je fais brûler pluſieurs fois de bon eſprit-de-vin préparé. Dès-lors mon Mercure ſe trouve ſuffiſamment ouvert pour recevoir dans ſes pores ma poudre impalpable d'Antimoine Diaphorétique. J'ai de même préparé cette poudre par les édulcorations & les dulcifications que je fais avec de l'eſprit de vin dont la vertu eſt d'adoucir les eſprits les plus acides, & les plus corroſifs ; cette vertu eſt ſi puiſſante qu'elle adoucit même les métaux les plus aigres. J'unis donc mon Diaphorétique d'Antimoine ainſi perfectionné à ma poudre de Mercure que j'appelle précipité blanc. Je l'appellerois Ethiops Antimonial s'il étoit d'une autre couleur, parce qu'en effet cet Ethiops n'eſt qu'un compoſé de

Mercure & d'Antimoine à parties égales. Je fais ensuite les distillations & cohobations nécessaires jusqu'à ce qu'il en résulte une poudre blanche. Je donne à cette poudre, avec l'esprit-de-vin, une nouvelle cuisson, c'est-à-dire que je la fais parfaitement meurir, & j'ai la satisfaction d'éprouver qu'elle a un goût d'Æther délicieux & une odeur très-suave & très-agréable : j'en peux faire usage sur Terre comme sur Mer, j'en avale quand il me plaît, sans être empoisonné & sans craindre de *remuer aucun ressort de la machine humaine.* * Voilà ce que l'Auteur du Journal Œconomique aura de

* Journal, Décembre 1754. p. 121.

la peine à comprendre. Du Mercure & de l'Antimoine devenus si traitables ! quelle merveille ! C'est ce qu'il ne voudra jamais concevoir ; mais achevons de le confondre, & disons que les deux poudres blanches que j'ai ainsi préparées sont indissolubles dans l'eau , & qu'elles y resteront tant qu'on voudra sans qu'elles y perdent rien ni de leur poids, ni de leur quantité , que leurs vertus y sont constantes & s'y conservent toujours dans la même vigueur , & qu'enfin ces vertus bienfaisantes se communiquent à l'eau par radiation ou par admission insensible.

Je pense qu'il en est de la vertu de ces poudres comme de celle des rayons du Soleil qui produisent un feu doux, naturel & vivifiant, ou bien que cette vertu est semblable à ce feu subsistant dont parlent les Philosophes; feu actif & agissant qui pénétre les corps comme les rayons du Soleil pénétrent le verre sans y laisser aucune trace, & sans y faire aucune addition ni changement; je pense, dis-je, que la vertu de ces deux poudres s'insinuant dans l'eau, comme par rayon, écarte & désunit les parties disposées à se corrompre; parce que la corruption vient du repos. Cette vertu agite doucement ces parties, & les entretient par-là dans leur état liquide & coulant, elle fait les fonctions de l'air dont cette eau se trouve privée tant qu'elle reste renfermée dans un tonneau.

D'ailleurs les mouvemens du Vaisseau occasionnent toujours une agitation qui de concert avec les vertus agissantes de ces poudres conserve cette eau aussi pure & aussi saine que celle qui coule dans les fleuves & les riviéres.

Que notre Journaliste s'écrie maintenant, & qu'il dise que la dose de Mercure dont je me sers est *exorbitante & dangereuse*. * Qu'il calcule à loisir combien on en avalera de grains dans une bouteille d'eau douce qu'on boira. Quand il aura fait son calcul

* Journal, Décembre 1754. p. 121.

& que toute l'eau du tonneau ſera buë, je lui montrerai pour toute réponſe que le même poids & la même quantité de poudre qu'il prétendra avoir été buë avec l'eau, eſt reſtée dans le tonneau, je ne doute pas que pour lors il ne ſe trouve forcé d'avoir recours au miracle de la multiplication; parce qu'autrement il n'eſt pas naturel que ces poudres ſe trouvent en même tems en deux endroits différens. Si elles ſont dans le tonneau, elles ne ſont donc pas dans le corps de ceux qui en auront bû l'eau, & ſi elles ne ſont pas dans leur corps, elles ne peuvent donc leur cauſer aucun accident, ni leur faire aucun mal. Je dis plus, quand il disputeroit à mon Mercure précipité la qualité d'être indissoluble ; ce qui est contre tous les principes de la Chymie, je lui dirois encore d'en faire l'épreuve & d'en examiner la qualité. Je consentirai même qu'il ne s'en rapporte pas au bon goût qu'il aura, ni à son odeur agréable ; mais je le prierai d'en faire l'analyse, & de me dire alors son sentiment : s'il lui trouve quelque causticité, quelque corrosion, quelqu'acrimonie, je conviendrai qu'il est Chymiste ; mais aussi s'il ne lui trouve aucun symptôme de toutes ces infirmités, ne doit-il pas avouer ses erreurs, & ne doit-il pas dire que cette poudre se trouvant si pure & si parfaite,

parfaite, il n'eſt pas poſſible qu'elle devienne dangereuſe? Quant à la qualité que je lui donne de l'eau douce qu'on embarque, & de la préſerver de toute corruption, c'eſt un fait qu'il n'eſt pas en droit de nier, un fait que je n'avance moi-même que parce que j'en ai fait l'expérience. J'ai fait voyager longtems ſur mer un baril rempli d'eau douce préparée ſuivant ma Méthode, & j'ai trouvé cette eau auſſi pure, auſſi claire & auſſi douce à ſon retour qu'elle l'étoit à ſon départ.

C'eſt ainſi, Monſieur, que je réponds à la critique du Journaliſte Œconomique; je crois qu'il ſentira toute la force de mes raiſons, s'il eſt véritablement Chymiſte. Qu'il me ſoit cependant permis de marquer mon étonnement ſur ce qu'il a oſé ſe charger de nous donner le Journal Œconomique. Ne ſçavoit-il pas que le projet de ce Journal étoit non ſeulement un des plus utiles qu'on ait imaginés ; mais encore celui qui exigeoit de ſon Auteur le plus de connoiſſances & la ſageſſe la plus décidée ? Peut-on, par exemple, lui pardonner de ne pas connoître le Mercure ? Ne doit-il pas ſçavoir que toutes les Nations en font uſage, qu'il y a des perſonnes & en grande quantité tant en France qu'en Angleterre & en Allemagne qui en avalent beaucoup, ſans qu'il leur ait jamais causé aucun accident? Comment n'a-t-il pas encore appris que dans l'Asie les personnes du beau Séxe en font un usage continuel & journalier, & qu'elles en prennent même de fortes doses pour conserver la fraîcheur de leur teint & maintenir leur embonpoint? Je n'ai pû m'empêcher de sourire quand j'ai lû dans sa Critique ces paroles : *S'il étoit Observateur** (parlant de moi) *il sçauroit que par lui-même le Mercure donne le Scorbut, tous ceux qui ont fait un long usage de ce Fluide Métallique éprouvent tous les accidens scorbutiques, comme gonflement & pourriture de gencives, douleurs erratiques dans les mem-*

* Jour. Œcon. Décembre 1754. p. 122.

*bres , dissolution du sang &c.*

Sans doute que cet excellent Observateur a voulu dire que lors qu'on administre le Mercure par la voye des frictions & qu'on l'employe de la maniere dont on le prépare vulgairement pour la guérison des maladies vénériennes , il peut en ce cas occasionner ces accidents ; autrement je ne sçaurois pas ce qu'il veut dire. Je ne m'imagine pas qu'il ait cru que , pour guérir de la soif , je veuille employer les frictions, & la traiter comme je traiterois un virus. Il ne lui reste cependant que cette excuse pour sa parfaite justification , parce que s'il étoit vrai qu'il crût sérieusement que *le Mercure par lui-même don-*

*ne le Scorbut*, je lui dirois qu'il ne connoiſſoit donc pas l'Ethiops Antimonial, qui eſt de l'aveu de tous les Médecins un excellent anti-ſcorbutique. Et qu'eſt-ce en effet que l'Ethiops Antimonial, ſinon un mêlange de Mercure & d'Antimoine à parties égales; c'eſt-à-dire mon précipité blanc de Mercure & mon Antimoine Diaphorétique, à cela près cependant que l'Ethiops Antimonial eſt groſſiérement élaboré, & que mon précipité blanc a reçu toutes les perfections que la Chymie peut ſuggérer.

Je dis donc que, ſi notre Journaliſte Obſervateur ne connoît pas l'Ethiops Antimonial, il n'eſt pas étonnant qu'il n'ait pas compris ma méthode de préparer le Mercure ; c'eſt ce qui me perſuade de plus en plus qu'il n'eſt pas Médecin. S'il avoit cependant l'honneur d'être Membre de la Faculté, je ne pourrois m'empêcher de lui dire qu'il doit conſulter ſes Confreres pour apprendre d'eux à mieux parler qu'il ne fait des matiéres qui regardent ſa profeſſion ; je ſuis perſuadé que le plus grand nombre d'entre eux pourra lui donner des leçons ſur la Chymie. Je n'entreprendrai pas de les lui nommer ; je me contente ſeulement de lui citer ici un grand Maître en cette partie, c'eſt le célébre M. Maloüin ſur l'Ethiops Antimonial dans ſa Chymie Médicinale, Tom. 2. ch. 32.

» L'Ethiops Antimonial, dit-il,
» est le reméde le plus efficace
» & le plus général dans les Ma-
» ladies qui viennent de la cor-
» ruption des humeurs, surtout
» dans celles qui sont causées par
» une humeur mélancolique pro-
» pre à former des squirrhes &
» des ulceres chancreux; l'Ethiops
» Antimonial est aussi un fort bon
» reméde pour guérir les vieilles
» Affections Scorbutiques & Rhu-
» matismes invétérés, pour les
» Ecroüelles & pour les Maladies
» qui viennent du Virus Véné-
» rien. L'Ethiops Antimonial réus-
» sit encore dans les Maladies de
» la Peau.

Voilà le témoignage d'un Médecin à l'autorité duquel notre

Journaliſte devroit ſans doute déférer, il auroit très-ſagement fait s'il eût conſulté ce Maître de l'Art avant d'inſérer dans ſon Journal la Critique ou plutôt la Satyre qu'il a entrepris un peu trop légérement contre ma préparation de Mercure ou mon Ethiops Antimonial, il ne ſeroit pas tombé dans le cas de cenſurer ce qu'il n'entend pas & de blâmer ce qu'il ne connoît pas. Il auroit encore appris de M. Maloüin que l'expérience confirme ſon ſentiment & le mien ſur l'Ethiops Antimonial. » J'apprends, dit-il, que les » Médecins font un grand uſage » en Ecoſſe de cet Ethiops pour » les Maladies de la Peau, parti» culiérement pour une eſpéce de

» galle qui dans quelques-uns tient » de la lépre. Cette galle eſt fort » commune en Ecoſſe ainſi qu'en » France dans la Province de » Bretagne.

Si notre Journaliſte liſoit mieux les Journaux Etrangers ; il auroit vû que les Médecins d'Edimbourg penſent comme tous les autres ſur l'Ethiops Antimonial. Ces Journaux nous font connoître leur application continuelle à tout ce qui peut contribuer à la ſanté & à l'emploi journalier qu'ils font de l'Ethiops Antimonial dont ils font une emplâtre avec de la poix qu'ils appliquent enſuite ſur la tête des teigneux auxquels en même tems ils en font prendre intérieurement & journellement. Le ſuccès de ce remède eſt annoncé par tous les Ecrits publics , & perſonne n'en doute. Je tire du ſuffrage de ces Médecins une nouvelle expérience que j'oppoſe à la mauvaiſe critique de notre Auteur Œconomique : la dose de l'Ethiops qu'ils employent est pour chaque prise depuis un grain jusqu'à vingt, c'est-à-dire depuis un grain jusqu'à soixante, parce qu'ils en font prendre trois prises chaque jour, ce qu'ils observent ordinairement pendant quarante jours. Que deviendront ici les calculs algébriques de notre Journaliste ? S'il est effrayé lorsqu'il pense que sur cent pintes d'eau de riviére je mets une livre de mon Ethiops Antimonial ; jugez de son étonnement lorsqu'il verra la dose que les Médecins en font prendre à leurs Malades ? Je lui permets maintenant de comparer la quantité d'Ethiops Antimonial qui se trouvera dans une bouteille de mon eau douce préparée avec cette quantité que les Médecins employent. Qu'il se souvienne que mon Mercure jetté dans un tonneau d'eau de riviére ne ſouffrira aucune diminution dans ſon poids, & qu'il calcule après cela à combien ſe monteront les grains qu'on en avalera en en bûvant une bouteille. Mais il doit auſſi me permettre de faire ici la comparaiſon de cette doſe de Mercure avec celle du cauſtique de M. Joſué Appleby, & d'oppoſer les douces qualités de mon précipité blanc aux feux dévorans de ſon cauſtique. S'il ne veut pas prendre la peine de faire cet examen lui-même, je ne doute pas que le Public ne le faſſe à ſa confuſion. C'eſt à ſon tribunal que je prends la liberté de le citer; mais en attendant ſa déciſion, je ne veux pas laiſſer le moindre ſcrupule à mon rigide Cenſeur ſur la facilité de pratiquer la Méthode que j'ai propoſée. Je dis 1°. qu'il eſt viſible que les ingrédiens dont je me ſers ne ſont pas diſpendieux & que cette modique dépenſe ne ſe faiſant qu'une fois, elle ne mérite pas qu'on y faſſe attention. Je dis en ſecond lieu que pour éviter le mêlange de mon Mercure avec l'eau du tonneau, dans des tems où la mer eſt violemment agitée, ce qui n'arrive pas toujours, on peut envelopper ma matiere préparée dans un linge en forme de noüet & la ſuſpendre ainſi dans l'eau.

Je crois avoir répondu, Monſieur, à ce que vous m'avez fait l'honneur de me demander. Si vous trouvez dans cette Lettre trop d'étenduë, je vous prie de ne l'attribuer qu'à mon empreſſement & à mon zéle. Le deſir de vous ſatisfaire promptement ne m'a pas donné le tems d'écrire ſuivant les bonnes régles.

Je ſuis &c.

Ce 10. Avril 1755.

FIN.

www.ingramcontent.com/pod-product-compliance
Lightning Source LLC
LaVergne TN
LVHW011956160826
845678LV00002B/570

* 9 7 8 2 3 2 9 6 8 9 9 5 1 *